Besuch eines Schulbauernhofs. Einfluss auf die Einstellung zur Natur bei Schüler:innen einer Gesamtschule (5. Klasse)

Jan Caspers

Bibliografische Information der Deutschen Nationalbibliothek:

Die Deutsche Nationalbibliothek verzeichnet diese Publikation in der Deutschen Nationalbibliografie; detaillierte bibliografische Daten sind im Internet über http://dnb.d-nb.de abrufbar.

ISBN: 9783346861436
Dieses Buch ist auch als E-Book erhältlich.

Westfälische Wilhelms-Universität Münster
Zentrum für Didaktik der Biologie
Praxisbezogene Studien im Fach Biologie
Wintersemester 2022/23
Prüfungsleistung

Welchen Einfluss hat der regelmäßige Besuch eines Schulbauernhofs auf die Einstellung zur Natur bei Schüler:innen der fünften Klasse einer Gesamtschule in Recklinghausen?

Studienprojekt im Rahmen des Praxissemesters im Fach Biologie

von

Jan Caspers

Biologie & Philosophie
Master of Education (Gym/Ges)

Inhaltsverzeichnis

1. Einleitung

Seit 1997 erforscht der Jugendreport Natur (im Folgenden: Jugendreport) die Rolle der natürlichen Umwelt im Alltag von Jugendlichen zwischen 12 und 15 Jahren. Dabei wird insbesondere verschiedenen Defiziten nachgegangen, die sich im Verhältnis von Jugendlichen zur Natur zeigen, wie zum Beispiel dem sinkenden Interesse an der Natur oder mangelnden Naturerfahrungen (Koll & Brämer, 2021, S. 1).

Defizite dieser Art konnte ich auch im Rahmen meines Praxissemesters an einer Gesamtschule in Recklinghausen-Süd feststellen. So fiel im Biologieunterricht in der siebten Klasse häufig auf, dass die Schüler:innen nur wenig Interesse an naturbezogenen Themen zeigten und auch über wenig Hintergrundwissen in den entsprechenden Inhaltsfeldern verfügten.

Während des Praxissemesters begleitete ich auch eine fünfte Klasse, die alle 14 Tage für jeweils vier Stunden den Schulbauern- und Naturschutzhof Recklinghausen besuchte. Im Rahmen einer Kooperation zwischen meiner Praktikumsschule und besagtem Schulbauernhof besuchten zwei der vier fünften Klasse diesen außerschulischen Lernort, während die anderen zwei Klassen in der Schule unterrichtet wurden. Die siebte Klasse, die ich im Biologieunterricht beobachtete, hatte an diesem Projekt nicht teilgenommen. Aus diesem Grund stellte ich mir die Frage, ob der regelmäßige Besuch des Schulbauernhofs einen Einfluss auf die Einstellungen zur Natur der Schüler:innen haben könnte.

Zur Erforschung dieser Fragestellung adaptierte ich den Fragebogen des achten Jugendreports Natur (siehe Anhang 4) aus dem Jahr 2021 und ließ diesen von zwei fünften Klassen bearbeiten, von denen sich eine regelmäßig auf dem Schulbauernhof aufhielt und eine nicht an dieser Kooperation teilnahm.

Im Folgenden werde ich den theoretischen Hintergrund meiner Fragestellung näher erläutern (siehe 2.), um auch meine Hypothese, dass der Schulbauernhofbesuch sich positiv auf die Natureinstellung von Schüler:innen auswirkt, zu begründen. Im ersten Schritt werden die Begriffe *Einstellung* und *Interesse* definiert und in Beziehung zueinander gesetzt (siehe 2.1). Darauffolgend wird die Rolle sowie die Möglichkeit der Integration von Naturerfahrungen in den (Biologie-)Unterricht skizziert (siehe 2.2 sowie 2.3) und schließlich die Kooperation zwischen meiner Praktikumsschule und dem Schulbauernhof näher beschrieben (siehe 2.4). Im Anschluss an die Herleitung der Fragestellung (siehe 3.) werden die methodische Vorgehensweise (siehe 4.) sowie die Ergebnisse des Studienprojekts (siehe 5.) vorgestellt und abschließend diskutiert (siehe 6.).

2. Theoretischer Hintergrund

2.1 Einstellung und Interesse

Da im vorliegenden Studienprojekt die Einstellung von Schüler:innen zur Natur erforscht wurde, soll an dieser Stelle der Begriff *Einstellung* näher erläutert werden. Bis heute existiert keine einheitliche Definition des Konzepts *Einstellung*. In der vorliegenden Arbeit werde ich eine Einstellung in Anlehnung an Beniermann (2019, S. 11) als persönliche Meinung einer Person über einen Gegenstand beziehungsweise als dessen Bewertung verstehen. Die Einstellung zur Natur meint demnach, wie über die Natur gedacht wird. Einstellungen können unterschiedlich stark ausgeprägt sein und sich in Aussagen und Verhalten zeigen. Auch können sie unbegründet oder begründet sein (ebd.).

Für den Zusammenhang zwischen Einstellungen und Interesse existiert ebenfalls keine klare Beschreibung. Allerdings verstehen verschiedene Theorien Interesse als eine spezifische Art der Einstellung (Engl, 2020, S. 27). Dieser Auffassung schließe ich mich an, weshalb Interesse im Folgenden als eine positive Einstellung einem Gegenstand gegenüber verstanden wird. Interesse gilt heutzutage als eine wesentliche Voraussetzung für gelingendes Lernen. So bleiben Inhalte besser in Erinnerung, wenn diese mit Interesse erlernt und mit positiven Emotionen verknüpft wurden (Blankenburg & Scheersoi, 2018, S. 245). Grundsätzlich lassen sich zwei Arten von Interesse unterscheiden: situationales und individuelles Interesse. Unter dem situationalem Interesse (auch Interessiertheit) versteht man einen an eine Situation gebundenen motivationalen Zustand. Individuelles Interesse dagegen meint das dauerhafte Interesse für einen bestimmten Gegenstand – ein Persönlichkeitsmerkmal, das sich in der wiederholten Beschäftigung mit dem betreffenden Gegenstand ausdrückt. Relevant für den schulischen Kontext ist, dass wiederholtes situationales Interesse, das sich im Unterricht erzeugen lässt, unter bestimmten Bedingungen zu individuellem Interesse führen kann (ebd., S. 246).

Laut Selbstbestimmungstheorie bestehen diese Bedingungen in der Erfüllung folgender angeborener psychologischer Grundbedürfnisse: Kompetenzerleben, Autonomie und soziale Eingebundenheit (ebd., S. 252). Lernumgebungen, die in der Lage sind, situationales Interesse anzuregen, sollten folglich so gestaltet sein, dass die Lernenden realisieren, dass sie den an sie gestellten oder selbst gewählten Anforderungen gerecht werden (*Kompetenzerleben*). Ferner sollten die Schüler:innen selbst Entscheidungen im Lernprozess treffen (*Autonomie*) und in Gruppen arbeiten können, um die Bestätigung durch ihre Gruppenmitglieder zu erfahren (*soziale Eingebundenheit*).

2.2 Naturerfahrungen im Biologieunterricht

Die Ergebnisse der letzten Durchgänge des Jugendreports lassen ein sinkendes Interesse von Jugendlichen an der Natur erkennen (Koll & Brämer, 2021, S. 1). Dies könnte damit zusammenhängen, dass insbesondere Schüler:innen, die in der Stadt leben, nur wenige Möglichkeiten haben, außerhalb der Schule Naturerfahrungen zu machen, wie beispielsweise in Kontakt mit lebenden Tieren zu treten. Besonders problematisch ist, dass diesem Umstand im Biologieunterricht nur wenig Sorge getragen wird. Originale Begegnungen mit Lebewesen und deren Lebensräumen sind im Schulunterricht nicht vorgeschrieben und nehmen daher oft nur wenig Platz ein (Schröder et al., 2009, S. 56).

Dabei sind Naturerfahrungen insbesondere für den Biologieunterricht relevant, da unmittelbarere Zugänge zur Natur die Motivation fördern können, sich vertiefend mit Naturphänomenen zu befassen (Gebhard & Menzel, 2019, S. 282). Gebhard & Menzel (2019) plädieren daher für eine häufigere Integration von Naturerfahrungen in Bildungsprozesse, um so auch das Interesse für die Natur auf Seiten der Schüler:innen zu wecken. Bei der Planung von Naturerfahrungen ist dabei besonders wichtig, dass Naturerlebnisse nicht von der Lehrkraft vollständig durchstrukturiert sind. Stattdessen sollen den Lernenden Freiräume gelassen werden, damit diese selbstgewählten Aktivitäten in der Natur nachgehen und dort möglichst viele positive Erfahrungen machen können (ebd., S. 271ff).

2.3 Naturerfahrungen durch *Outdoor Education*

Machen Schüler:innen außerhalb des Klassenraumes Naturerfahrungen im Schulunterricht, lässt sich dies als *Outdoor Education* bezeichnen. Dieses Unterrichtskonzept bezieht sich nicht nur auf den naturwissenschaftlichen Unterricht, sondern meint grundsätzlich, dass Lernende praktische Erfahrungen in authentischen Umgebungen abseits der Schule machen. Hierbei werden vor allem sekundäre – nicht didaktisch gestaltete – außerschulische Lernorte aufgesucht, an denen die Schüler:innen im direkten Kontakt mit dem Lerngegenstand Primärerfahrungen machen können (Engl, 2020, S. 10f.). Im Biologieunterricht könnte ein solcher Lernort beispielsweise ein landwirtschaftlicher Betrieb sein. Verschiedene Studien konnten zeigen, dass wöchentliche *Outdoor Education* an naturnahen außerschulischen Lernorten zu einer positiveren Natureinstellung sowie einem verantwortungsvollerem Umweltverhalten führen kann (ebd., S. 12f.).

In Skandinavien ist eine Form der *Outdoor Education* verbreitet, die als *Udeskole* (deutsch: *Draußenschule*) bezeichnet wird (Bentsen, 2016, S. 51). Aus einer dänischen

Studie aus dem Jahr 2008 geht hervor, dass Lernende an wöchentlich oder vierzehntägig stattfindenden *Udeskole*-Einheiten mehr Freude und Motivation als im Unterricht im Klassenzimmer haben (Bentsen et al., 2009, S. 33f.). Allerdings ist es nicht so, dass Unterricht in der Natur per se zu einer reflektierten Auseinandersetzung mit der Natur führt, wie ebenfalls gezeigt werden konnte (ebd., S. 34).

2.4 Schulbauernhof

Ein Beispiel für sekundäre außerschulische Lernorte, die im Rahmen der *Outdoor Education* aufgesucht werden können, sind landwirtschaftliche Betriebe. Besonders geeignet für den schulischen Kontext sind dabei vielseitige und kleinbäuerliche Betriebe (Plappert, 2016, S. 152), was auf den Schulbauernhof Recklinghausen zutrifft. Es existieren bereits an verschiedenen Schulen Projekte, bei denen Schulklassen regelmäßig Bauernhöfe aufsuchen, um dort in einer authentischen Umgebung etwas über Tiere, Pflanzen und Landwirtschaft zu lernen (z.B. Plappert, 2016; Hochgreve & Mutschler, 2014).

Im Rahmen des Projekts an der Recklinghäuser Gesamtschule besuchen zwei fünfte Klassen alle 14 Tage für jeweils vier Stunden den Schulbauernhof. Möglich gemacht wird dies durch den Schulversuch *Talentschulen* der Landesregierung Nordrhein-Westfalen. Dieser richtet sich an Schulen in Stadtteilen mit großen sozialen Herausforderungen und soll der Überwindung sozialer Benachteiligungen im Bildungssystem dienen. Im Rahmen des MINT-Profils, das besagte Gesamtschule seit 2020 bedient, werden den sogenannten Talentschulen zusätzliche Ressourcen für praktisches Arbeiten zur Verfügung gestellt. Insbesondere soll hier der Fokus auf die Kooperation mit lokalen Bildungspartnern gelegt werden (MSW NRW, 2019, S. 1f.).

Auf dem Schulbauernhof arbeiten die Schüler:innen in Gruppen von etwa fünf Lernenden in erster Linie praktisch zu verschiedenen Themenfeldern. Betreut werden sie dabei sowohl von den begleitenden Fachlehrer:innen als auch von auszubildenden Erzieher:innen eines Berufskollegs in Marl. Die Themen, zu denen die Schüler:innengruppen arbeiten, rotieren, sodass am Ende eines Schuljahres jede Gruppe einmal zu jedem Themenfeld gearbeitet hat. Da der Schulbauernhofbesuch ein überfachliches Projekt darstellt und an die Fächer Naturwissenschaften, Arbeitslehre und Kunst anknüpfen soll, sind nur drei der fünf Themenfelder naturwissenschaftlich angelegt. Für den Biologieunterricht interessant sind die Themenfelder *Tiere*, *Garten* und *Landwirtschaft*.

Die Gruppe, die sich mit dem Thema *Tiere* beschäftigt, setzt sich mit den verschiedenen Tieren auf dem Bauernhof (zum Beispiel Schweine, Pferde, Rinder, Kaninchen oder Ziegen) auseinander, indem diese beobachtet, gefüttert und gestreichelt werden. Auch Steckbriefe zu den verschiedenen Tieren werden angefertigt. Die Gartengruppe arbeitet in dem an den Bauernhof angegliederten Kräuter- und Gemüsegarten. Hier werden die Pflanzen vor Ort gepflegt und auch eigene Gemüsebeete angelegt. Das Wachstum der Pflanzen wird beobachtet und zur entsprechenden Jahreszeit kann Gemüse, aber auch Obst aus den angrenzenden Obstwiesen, geerntet werden. Die Gruppe, die das Themenfeld *Landwirtschaft* bearbeitet, lernt etwas über die verschieden Facetten der Landwirtschaft – zum Beispiel Ackerbau und Tierhaltung –, über landwirtschaftliche Maschinen und die Ursprünge vieler Lebensmittel, die den Schüler:innen oft nur aus dem Supermarkt bekannt sind.

Insgesamt knüpft die Tätigkeit der Schüler:innen auf dem Schulbauernhof so an die im Kernlehrplan für die Naturwissenschaften in der fünften Klasse geforderten Inhaltsfelder *Lebensraum und Lebensbedingungen* sowie *Sonne, Wetter und Jahreszeiten* (MSW NRW, 2013, S. 31f.) an. Neben dem Schulbauernhofbesuch haben die betreffenden Klassen eine reguläre Stunde Naturwissenschaften. Die Parallelklassen, die den Schulbauernhof nicht besuchen, haben drei Stunden naturwissenschaftlichen Unterricht pro Woche.

Das Besondere an der Arbeit auf dem Schulbauernhof im Gegensatz zum Naturwissenschaftsunterricht in der Schule ist, dass die Schüler:innen die Möglichkeit haben, Lebewesen aus der Nähe zu betrachten. Insbesondere lebende Tiere werden von Lernenden als interessant empfunden (Schröder et al., 2009, S. 57). Bei einer Studie mit Fünftklässlern, bei denen eine Gruppe mit lebenden Mäusen unterrichtet wurde und einer anderen Gruppe die gleichen Inhalte mit digitalen Medien vermittelt wurde, zeigte sich, dass die Schüler:innen, die mit lebenden Tieren arbeiten durften, konzentrierter waren und deutlich weniger unterrichtsfernes Verhalten (zum Beispiel *aus dem Fenster schauen*) zeigten. Insgesamt lag bei ihnen ein höheres Maß an Interesse und Motivation vor (ebd., S. 65f.).

3. Fragestellung

Führt man die zuvor skizzierten Inhalte zusammen, könnte die Kooperation zwischen Gesamtschule und Schulbauernhof in der Lage zu sein, das Interesse von Lernenden an der Natur beziehungsweise ihre Einstellung gegenüber der Natur positiv zu beeinflussen.

Der Aufenthalt auf dem Schulbauernhof ist insbesondere durch das Erlebnis lebender Tiere und praktischer Tätigkeiten vor Ort in der Lage, ein situationales Interesse für die jeweiligen Inhalte zu wecken. Auch ist das Projekt so angelegt, dass die Erfüllung der drei psychologischen Grundbedürfnisse beabsichtigt ist: Die Schüler:innen arbeiten in Gruppen (*soziale Eingebundenheit*), in denen sie den Lernprozess mitgestalten können (*Autonomie*) und haben immer wieder Erfolgserlebnisse, wenn sie die Ergebnisse ihrer Tätigkeit (zum Beispiel Ernte von Obst und Gemüse) wahrnehmen (*Kompetenzerleben*). Aus diesem Grund könnte der Besuch des Schulbauernhofs in der Lage sein, durch das regelmäßige Erzielen von situationalem Interesse bei gleichzeitiger Befriedigung der psychologischen Grundbedürfnisse ein individuelles Interesse für naturbezogene Themen zu wecken. Ferner stellt der Besuch dieses sekundären Lernorts ein – wie von Gebhard & Menzel (2019, S. 271ff.) gefordert – nicht vollständig durchgeplantes Naturerlebnis dar, das positive Erfahrungen ermöglicht. Dies könnte ebenfalls einen positiven Einfluss auf die Natureinstellung der Schüler:innen haben. Außerdem ist zu erwarten, dass die Lernenden am Schulbauernhofbesuch mehr Freude als am Unterricht im Klassenraum haben und dort motivierter arbeiten. Aus diesem Grund komme ich zu der Hypothese, dass die Schüler:innen einer fünften Klasse, die den Schulbauernhof besucht, eine positivere Einstellung zur Natur haben als die Schüler:innen, die nicht an der Kooperation teilnehmen. Die Frage, die in der vorliegenden Arbeit erforscht werden soll, lautet daher: *Welchen Einfluss hat der regelmäßige Besuch eines Schulbauernhofs auf die Einstellung zur Natur bei Schüler:innen der fünften Klasse einer Gesamtschule in Recklinghausen?*

4. Methodische Vorgehensweise

Für die Erforschung der Fragestellung wurde ein quasi-experimentelles Post-Design gewählt. Da zwei fünfte Klassen den Schulbauernhof bereits seit Beginn des Schuljahres und damit vor Beginn des Praxissemesters besucht haben, konnte kein Prä-Test vorgenommen werden. Stattdessen wurden die Natureinstellungen der Schüler:innen einer der Schulbauernhofklassen kurz vor den Weihnachtsferien erhoben. Der Schulbauernhofbesuch bildete somit zum Erhebungszeitpunkt eine etwa fünfmonatige Intervention. Als Vergleich zu dieser Experimentalgruppe (im Folgenden EG) wurde als Kontrollgruppe (im Folgenden KG) eine fünfte Klasse ausgewählt, die sich nicht regelmäßig auf dem Schulbauernhof aufhielt. Beide Klassen wurden von derselben Biologie-Lehrkraft unterrichtet und am selben Tag befragt.

Als Erhebungsinstrument wurde eine Adaption des Erhebungsinstruments des achten Jugendreports Natur (siehe Anhang 4) genutzt. Dieser richtete sich an Schüler:innen der sechsten und neunten Klasse aller Schulformen. Da der Jugendreport das Verhältnis von Jugendlichen zur Natur umfassender erforscht, wurde der dort verwendete Fragebogen um einige Themenfelder reduziert. So wurden Items zum Naturwissen der Lernenden (Anhang 4, Items 6-11) nicht in den Fragebogen des Studienprojekts übernommen. Es wurden neben demographischen Abfragen lediglich Items übernommen, die nach bestimmten Naturerfahrungen, der Bewertung von naturnahen Tätigkeiten sowie der Zustimmung zu naturbezogenen Aussagen fragen. Auch wurde nur eine Auswahl der Items aus den betreffenden Kategorien des Original-Fragebogens übernommen. So wurde beispielsweise nur nach der Bewertung von vier naturnahen Tätigkeiten (Anhang 1, Item 6) gefragt anstatt von sieben wie im Jugendreport (Anhang 4, Item 4). Bei allen Items handelte es sich um geschlossene Single-Choice-Aufgaben. Die Eingrenzung sowie das Format der Items wurden in Absprache mit der Fachlehrkraft gewählt, um eine Überforderung der Schüler:innen zu vermeiden.

Die Ergebnisse der Studie werden (wie bei den Ergebnissen des Jugendreports) in gerundeten Prozenten angegeben. Als Vergleich sind auch die Ergebnisse des Jugendreports angegeben, um die Angaben von EG und KG in Beziehungen zu den Ergebnissen der größeren Studie zu setzen. Die Vergleichbarkeit ist hier allerdings nur bedingt gegeben, wie sich schon in der Auswertung der demographischen Daten zeigt.

5. Ergebnisse

Im Folgenden werden die Ergebnisse des Studienprojekts kurz zusammengefasst. Eine detaillierte Übersicht findet sich in Form einer Tabelle (Anhang 2) und Diagrammen (Anhang 3) zu den einzelnen Items im Anhang.

Die EG (n = 25), die den Schulbauernhof zum Erhebungszeitpunkt etwa fünf Monate besuchte, bestand aus 13 männlichen und 12 weiblichen Schüler:innen. In der KG (n = 26) waren 14 Jungen und 12 Mädchen. Im Vergleich dazu wurden im Jugendreport 1.454 Schüler:innen befragt, die sich gleich stark auf die beiden Geschlechter sowie die Klassenstufen 6 und 9 aufteilten (Koll & Brämer, 2021, S. 51).

In beiden Gruppen der Recklinghäuser Gesamtschule sind nur etwa zwei Drittel der Befragten in Deutschland geboren und aufgewachsen. Etwa 90 % der Schüler:innen beschreiben ihren Wohnort als mitten in der Stadt und nur etwa die Hälfte der Lernenden gibt an, über einen Garten zu verfügen (siehe Anhang 3, Abb. 2-4). Damit sind EG und KG demographisch vergleichbar, unterscheiden sich aber in ihren Ausgangsvoraussetzungen auch deutlich von der Stichprobe des Jugendreports. Hier sind 94 % der Befragten in Deutschland geboren und aufgewachsen und nur 23 % der Lernenden bezeichnen ihren Wohnort als mitten in der Stadt (ebd., S. 51).

Das Studienprojekt zeigt, dass der Schulbauernhofbesuch für die Gesamtschüler:innen in erster Linie ein beliebtes Projekt ist (siehe Anhang 3, Abb. 5). So geben 22 Schüler:innen der EG (88 %) an, gerne auf dem Schulbauernhof zu sein. Die gleiche Anzahl an Schüler:innen der KG (85 %) würde auch gerne regelmäßig dorthin fahren.

Auch die Häufigkeit der Waldbesuche sieht in EG und KG ähnlich aus (siehe Anhang 3, Abb. 6). In beiden Gruppen war jeweils nur ein Drittel der Befragten im vorangegangenen Sommer mindestens einmal pro Woche im Wald. Im Jugendreport trifft dies auf 42 % der Befragten zu (ebd., S. 7). Die niedrigere Zahl der Waldbesuche bei den Recklinghäuser Schüler:innen ist dabei vermutlich auf ihre Wohnanlage zurückzuführen. Eine weitere Parallele zwischen EG und KG zeigt sich in der Häufigkeit der Naturunternehmungen der Eltern (siehe Anhang 3, Abb. 9). In beiden Gruppen gibt jeweils nur unter einem Drittel der Befragten an, dass ihre Eltern sich häufig in der Natur aufhalten. Diese Antwort gibt dagegen die Hälfte der Befragten im Jugendreport (ebd., S. 46). Aus diesen Zahlen lässt sich schließen, dass Naturbegegnungen bei den im Studienprojekt befragten Schüler:innen im familiären Kontext nur eine untergeordnete Rolle spielen.

Bei den Naturerfahrungen, die die Recklinghäuser Schüler:innen im vorangegangen Sommer gemacht haben, sind zwischen EG und KG ebenfalls keine großen Unterschiede erkennbar (siehe Anhang 3, Abb. 8). Bei allen abgefragten Erlebnissen (einen Bach stauen, auf einen Baum klettern, Sternschnuppen sehen und einen Stein über Wasser springen lassen) gibt dagegen ein größerer Anteil der Stichprobe des Jugendreports an, diese gehabt zu haben (ebd., S. 14) – ein Umstand, der sich vermutlich auf die unterschiedlichen Hintergründe der Gruppen zurückführen lässt.

Unterschiede zwischen EG und KG finden sich dagegen in der Bearbeitung der Items, die auf die Einstellung zur Natur referieren (Anhang 1, Item 3, 6 & 7). So zeigen sich signifikante Unterschiede zum Beispiel im liebsten Aufenthaltsort in der Freizeit (siehe Anhang 3, Abb. 7). Etwa die Hälfte der EG wählt hier „draußen im Grünen" aus. Diese

Ansicht teilen dagegen nur fünf Schüler:innen (19 %) der KG und ein Drittel der Befragten im Jugendreport (ebd., S. 11).

Auch die Bewertung einzelner naturnaher Tätigkeiten fällt in der EG positiver aus als in der KG und interessanterweise auch als im Jugendreport (siehe Anhang 3, Abb. 10). So geben 10 Schüler:innen der EG (40 %) an, sie würden gerne einen Käfer über ihre Hand krabbeln lassen. Dieses Empfinden teilen nur 23 % der Befragten in der KG und 16 % im Jugendreport (ebd., S. 16). Auch das Beobachten von Rehen in freier Wildbahn findet in der EG mit 72 % (18 Schüler:innen) ein größerer Anteil der Befragten interessant als in der KG (54 %) und im Jugendreport (49 %) (ebd., S. 16). Wandern und die Teilnahme an einer Naturschutz-Aktion werden von EG und KG dagegen ähnlich bewertet.

Weitere interessante Unterschiede zeigen sich in der Zustimmung oder Ablehnung bestimmter naturbezogener Aussagen (siehe Anhang 3, Abb. 11). Während in beiden Gruppen der untersuchten Gesamtschule über 80 % der Befragten den naturalistischen Fehlschluss begehen, indem sie Natürliches und Gutes gleichsetzen, und jeweils etwa die Hälfte beider Gruppen sich die Natur ohne Menschen als friedlich und harmonisch vorstellt, zeigen sich in den restlichen Äußerungen große Abweichungen. So kann sich ein Großteil der EG (20 Schüler:innen beziehungsweise 80 %) ein Leben ohne Ausflüge in die Natur nicht vorstellen. Diese Meinung teilen nur 62 % der KG sowie 58 % der Befragten im Jugendreport (ebd., S. 13). Und während die Mehrheit der Befragten in KG und Jugendreport Tieren die gleichen Lebensrechte wie Menschen zuspricht (ebd., S. 42), tun dies nur 12 Schüler:innen (48 %) der EG. Auch spricht ein geringerer Anteil der Befragten der EG Bäumen eine Seele zu. Dieser Meinung sind hier nur 8 Schüler:innen (32 %), während 58 % der KG und 51 % der Befragten im Jugendreport (ebd., S. 42) beseelte Bäume annehmen.

Die beschriebenen Abweichungen der Angaben der EG von den Antworten der KG und der Jugendreport-Stichprobe könnten sich auf die Intervention in Form des regelmäßigen Schulbauernhofbesuchs zurückführen lassen. Ausflüge dieser Art scheinen den Schüler:innen wichtig zu sein, da sie vermutlich einen Ausgleich zur städtischen Wohnlage bieten. Auch könnte der direkte Kontakt mit Nutztieren und -pflanzen der Idealisierung der Natur, wie sie der Jugendreport identifiziert (ebd., S. 41f.), entgegenwirken und dazu führen, dass Tiere und Pflanzen vom Menschen abgegrenzt werden, weshalb ihnen keine menschlichen Rechte beziehungsweise Seelen zugesprochen werden.

6. Diskussion und Ausblick

Zusammenfassend zeigen EG und KG in ihren Voraussetzungen viele Parallelen: Geschlechterverteilung, Wohnlage, Vorhandensein eines Gartens, Häufigkeit des Wald-besuches, Naturbesuche der Eltern sowie gemachte Naturerfahrungen sind sehr ähnlich. Signifikante Unterschiede zwischen den Angaben von EG und KG lassen sich allerdings bei den Items finden, die sich auf die Einstellung zur Natur beziehen. So ist der liebste Aufenthaltsort in der Freizeit für Schüler:innen der EG die Natur. Einzelne naturnahe Tätigkeiten werden als positiver bewertet und die Zustimmung zu oder Ablehnung von einzelnen naturbezogenen Aussagen zeigt, dass Ausflüge in die Natur für die Schüler:innen der EG einen höheren Stellenwert haben, die Natur von ihnen aber auch weniger idealisiert wird. Insgesamt zeigen die Schüler:innen der EG eine positivere Einstellung zur Natur als die Befragten der KG sowie interessanterweise auch als die der Stichprobe des Jugendreports. Dieser Umstand könnte sich auf den Schulbauernhofbesuch zurückführen lassen, was die der Fragestellung zugrunde liegende Hypothese bestätigen würde. Somit würde sich der regelmäßige Besuch eines landwirtschaftlichen Betriebes bei Schüler:innen der fünften Klasse positiv auf die Einstellung zur Natur auswirken.

Diese Schlussfolgerungen würde sich auch mit dem aktuellen Forschungsstand decken: So wird – wie in den theoretischen Vorüberlegungen dieser Arbeit skizziert – davon ausgegangen, dass regelmäßige *Outdoor Education* (wie zum Beispiel in Form des Besuches eines landwirtschaftlichen Betriebes) den Schüler:innen mehr Spaß macht und ihre Motivation steigert (Bentsen, 2009, 33f.), für eine positivere Natureinstellung sorgt (Engl, 2020, 12f.) und sehr förderlich auf das Interesse der Schüler:innen wirkt, wenn ein Kontakt mit lebenden Tieren ermöglicht wird (Schröder et al., 2009, 65f.).

Allerdings lässt sich der positive Einfluss des Schulbauernhofbesuches auf die Natureinstellungen bei Schüler:innen durch das Studienprojekt nicht mit Sicherheit nachweisen. Für eine aussagekräftige Erforschung des Einflusses von Kooperationen dieser Art müsste man die Erhebung an vielen verschiedenen Schulen mit vergleichbaren Projekten durchführen. Außerdem wäre auch eine Erhebung von Prä- und Post-Tests in EG und KG notwendig, um eine höhere Reliabilität und Validität zu erzielen. Im durchgeführten Studienprojekt hätten ergänzende qualitative Befragungen in Form von Interviews ebenfalls genauere Informationen über den Zusammenhang zwischen Schulbauernhofbesuch und Einstellung zur Natur geben können.

Die Ergebnisse des Studienprojekts sind folglich nicht verallgemeinerbar, können aber als Indiz für einen positiven Einfluss von Kooperationen zwischen Schulen und landwirtschaftlichen Betrieben auf die Natureinstellung von Fünftklässler:innen gesehen werden. Aus Perspektive der untersuchten Gesamtschule sind diese Befunde insofern interessant, als das Schulbauernhof-Projekt im Rahmen des Schulversuchs *Talentschulen* den Schüler:innen Naturerfahrungen zu ermöglichen scheint, die im Schulunterricht oder auch im familiären Kontext ausbleiben würden. Auch scheinen die Schüler:innen, die den Schulbauernhof besuchen, ein höheres Interesse für die Natur zu zeigen, was für einen Erfolg der Kooperation spricht. Aus der Schulentwicklungsperspektive könnten vergleichbare Projekte eine Möglichkeit bieten, Schüler:innen Naturerfahrungen zu ermöglichen und ihr Interesse für naturbezogene Themen zu steigern. Insbesondere an Schulen in Stadtteilen mit großen sozialen Herausforderungen könnte sich eine solche Maßnahme förderlich auf die Einstellung zur Natur auszuwirken.

Auch für die Gestaltung von Biologieunterricht im Allgemeinen haben die Ergebnisse des Studienprojekts eine Bedeutung. So lassen diese darauf schließen, dass die von Gebhard & Menzel (2019) geforderte Integration von naturbezogenen Primärerfahrungen in den Biologieunterricht (S. 271) durchaus ihre Berechtigung hat. Eine positive Einstellung zur Natur sowie ein gewisses Interesse an naturbezogenen Themen sind schließlich gerade im Biologieunterricht notwendige Bedingungen für erfolgreiches Lernen.

Literaturverzeichnis

Beniermann, Anna: *Evolution. Von Akzeptanz und Zweifeln. Empirische Studien über Einstellungen zu Evolution und Bewusstsein.* Wiesbaden: Springer 2019.

Bentsen, Peter: „Udeskole in Dänemark. Von einer Bottom-up- zu einer Top-Down-Bewegung", in: Au, Jakob von; Gade, Ute (Hrsg.): *Raus aus dem Klassenzimmer. Outdoor Education als Unterrichtskonzept.* Weinheim/Basel: Beltz Juventa 2016, 50-63.

Bentsen, Peter at al.: „Towards an understanding of *udeskole*. Education outside the classroom in a Danish context", in: *Education 3-13* 37/1 (2009), 29-44.

Blankenburg, Janet; Scheersoi, Annette: „Interesse und Interessenentwicklung", in: Krüger, Dirk et al. (Hrsg.): *Theorien in der naturwissenschaftsdidaktischen Forschung.* Berlin: Springer 2018, 245-259.

Engl, Alexander: *CHEMIE PUR. Unterrichten in der Natur. Entwicklung und Evaluation eines kontextorientierten Unterrichtskonzepts im Bereich Outdoor Education zur Änderung der Einstellung zu „Chemie und Natur".* Berlin: Logos 2020.

Gebhard, Ulrich; Menzel, Susanne: „Naturwahrnehmung von Kindern und Jugendlichen", in: Groß, Jorge et al.: *Biologiedidaktische Forschung. Erträge für die Praxis.* Berlin/Heidelberg: Springer 2019, 269-285.

Hochgreve, Stefan; Mutschler, Irene: „Der SchulHof. Ein Kooperationsprojekt mit einem Umweltbildungszentrum", in: *Pädagogik* 7-8 (2014), 16-19.

Koll, Hubert; Brämer, Rainer: „Natur auf Distanz. 8. Jugendreport Natur" (2021). Verfügbar unter: https://stadtundland-nrw.de/wp-content/uploads/2021/06/8.-Jugendreport-Natur-2021.pdf (Zugriff: 03.02.2023).

Ministerium für Schule und Weiterbildung des Landes Nordrhein-Westfalen (Hrsg.): „Naturwissenschaften. Biologie, Chemie, Physik. Kernlehrplan für die Gesamtschule (Sekundarstufe I) in Nordrhein-Westfalen" (2013). Verfügbar unter: https://www.schulentwicklung.nrw.de/lehrplaene/lehrplan/130/KLP_GE_NW.pdf (Zugriff: 03.02.2023).

Ministerium für Schule und Weiterbildung des Landes Nordrhein-Westfalen (Hrsg.): „Schulversuch Talentschulen" (2019). Verfügbar unter: https://www.schulministerium.nrw/system/files/media/document/file/Faktenblatt-Talentschulen.pdf (Zugriff: 31.01.2023).

Plappert, Gabriele: „Der Bauernhof als ganzheitlicher Lernort. Bildung für nachhaltige Entwicklung", in: Au, Jakob von; Gade, Ute (Hrsg.): *Raus aus dem Klassenzimmer. Outdoor Education als Unterrichtskonzept.* Weinheim/Basel: Beltz Juventa 2016, 145-159.

Schröder, Katharina et al.: „Videoanalyse zum Einfluss lebender Tiere auf das Schülerverhalten, Lernzuwachs und Motivation im Biologieunterricht", in: *Erkenntnisweg Biologiedidaktik* 8 (2009), 55-68.

Anhang 1: Erhebungsinstrument des Studienprojekts

Westfälische Wilhelms-Universität Münster
Zentrum für Didaktik der Biologie
PBS: „Praxisbezogene Studien (Begleitung) im Fach Biologie" (130168)

Jan Caspers (

Liebe Schülerin, lieber Schüler,

vielen Dank, dass Du an dieser Befragung teilnimmst. Dieser Fragebogen ist Teil einer wissenschaftlichen Untersuchung und wird **nicht** von Deiner Lehrkraft benotet. Auch werden die Angaben **anonym** behandelt. Bearbeite den Fragebogen bitte **allein** und **ehrlich**. Es gibt keine richtigen oder falschen Antworten 😊

1. Allgemeines

1.1 Geschlecht

Männlich ☐   Weiblich ☐   Divers ☐

1.2 Bist Du in Deutschland geboren und aufgewachsen?

Ja ☐   Nein ☐

1.3 Wo wohnst Du?

Mitten in der Stadt ☐   Am Stadtrand ☐   Ländlich ☐

1.4 Hat Deine Familie einen Garten?

Ja ☐   Nein ☐

1.5 Besuchst Du gerne den Schulbauernhof?

Ja ☐   Nein ☐

2. Wie oft bist Du im letzten Sommer durchschnittlich im Wald gewesen?

Fast jeden Tag ☐   1-3 mal pro Woche ☐   1-3 mal pro Monat ☐
1-3 mal pro Sommer ☐   Überhaupt nicht ☐

3. Wo verbringst Du Deine Freizeit am liebsten?

Draußen im Grünen ☐   In meinem Zimmer ☐   In der Stadt ☐
Unsicher ☐

4. Hast Du im letzten Jahr Folgendes gemacht oder erlebt?

4.1 Einen Bach gestaut

Ja ☐   Nein ☐

4.2 Auf einen Baum geklettert

Ja ☐   Nein ☐

4.3 Sternschnuppen gesehen

Ja ☐   Nein ☐

4.4 Einen Stein übers Wasser springen lassen

Ja ☐   Nein ☐

5. Wie häufig gehen Deine Eltern in die Natur?

Regelmäßig ☐   Selten ☐   Nie ☐

1

6. Das mache ich gerne oder würde ich gerne machen

6.1 Rehe in freier Wildbahn beobachten

Gerne ☐ Ungerne ☐ Teilweise ☐

6.2 An einer Naturschutz-Aktion teilnehmen

Gerne ☐ Ungerne ☐ Teilweise ☐

6.3 Wandern

Gerne ☐ Ungerne ☐ Teilweise ☐

6.4 Einen Käfer über meine Hand krabbeln lassen

Gerne ☐ Ungerne ☐ Teilweise ☐

7. Würdest Du folgenden Aussagen zustimmen?

7.1 Ohne Menschen wäre die Natur in Harmonie und Frieden.

Ja ☐ Nein ☐ Unsicher ☐

7.2 Bäume haben eine Seele.

Ja ☐ Nein ☐ Unsicher ☐

7.3 Ich kann mir ein Leben ohne Ausflüge in die Natur nicht vorstellen.

Ja ☐ Nein ☐ Unsicher ☐

7.4 Was natürlich ist, ist gut.

Ja ☐ Nein ☐ Unsicher ☐

7.5 Tiere haben die gleichen Lebensrechte wie Menschen.

Ja ☐ Nein ☐ Unsicher ☐

8. Wie viele Stunden schaust Du an einem normalen Tag auf einen kleineren oder größeren Bildschirm (Handy, Tablet, PC, Laptop, Konsole, Fernseher), wenn du alles zusammenrechnest?

Mehr als 5 h pro Tag ☐ 3-5 h pro Tag ☐ 1-2 h pro Tag ☐

Einige Stunden pro Woche ☐ Einige Stunden pro Monat ☐

Jetzt hast Du es geschafft! Vielen Dank für Deine Teilnahme 😊

Jan Caspers

2

Anhang 2: Ergebnisse des Studienprojekts (Tabelle)

	EG (absolut)	EG (in Prozent)	KG (absolut)	KG (in Prozent)	Jugendreport (in Prozent)
1. Allgemeines					
1.1 Geschlecht					
Männlich	13	52 %	14	54 %	50 %
Weiblich	12	48 %	12	46 %	50 %
1.2 Bist Du in Deutschland geboren und aufgewachsen?					
Ja	17	68 %	17	65 %	94 %
Nein	8	32 %	9	35 %	6 %
1.3 Wo wohnst Du?					
Mitten in der Stadt	22	88 %	24	92 %	23 %
Am Stadtrand	3	12 %	2	8 %	41 %
Ländlich	0	0 %	0	0 %	36 %
1.4 Verfügt Deine Familie über einen Garten?					
Ja	12	48 %	13	50 %	-
Nein	13	52 %	13	50 %	-
1.5 Besuchst Du gerne den Schulbauernhof beziehungsweise würdest Du dies gerne tun?					
Ja	22	88 %	22	85 %	-
Nein	3	12 %	4	15 %	-
2. Wie oft bist Du im letzten Sommer durchschnittlich im Wald gewesen?					
Fast jeden Tag	2	8 %	1	4 %	14 %
1-3 mal pro Woche	6	24 %	8	31 %	28 %
1-3 mal pro Monat	4	16 %	5	19 %	22 %
1-3 mal im Sommer	3	12 %	4	15 %	24 %
Überhaupt nicht	10	40 %	8	31 %	12 %
3. Wo verbringst Du Deine Freizeit am liebsten?					
Draußen im Grünen	13	52 %	5	19 %	33 %
In der Stadt	6	24 %	14	54 %	22 %
In deinem Zimmer	6	24 %	7	27 %	27 %
4. Hast Du im letzten Jahr Folgendes gemacht oder erlebt?					
4.1 Einen Bach gestaut					
Ja	4	16 %	5	19 %	33 %
Nein	21	84 %	21	81 %	67 %
4.2 Auf einen Baum geklettert					
Ja	16	64 %	14	54 %	66 %
Nein	9	36 %	12	46 %	34 %
4.3 Sternschnuppen gesehen					
Ja	12	48 %	9	35 %	51 %
Nein	13	52 %	17	65 %	49 %
4.4 Einen Stein übers Wasser springen lassen					
Ja	16	64 %	18	69 %	82 %
Nein	9	36 %	8	31 %	18 %
5. Wie häufig gehen Deine Eltern in die Natur?					
Regelmäßig	8	32 %	7	27 %	50 %
Selten	9	36 %	13	50 %	42 %
Gar nicht	8	32 %	6	23 %	8 %
6. Das mache ich gerne oder würde ich gerne machen					
6.1 Rehe in freier Wildbahn beobachten					
Gerne	18	72 %	14	54 %	49 %
Teilweise	0	0 %	1	4 %	35 %
Ungerne	7	28 %	10	38 %	16 %

6.2 An einer Naturschutz-Aktion teilnehmen					
Gerne	5	20 %	7	27 %	28 %
Teilweise	0	0 %	0	0 %	42 %
Ungerne	20	80 %	19	73 %	30 %
6.3 Wandern					
Gerne	18	72 %	19	73 %	34 %
Teilweise	0	0 %	0	0 %	37 %
Ungerne	7	28 %	7	27 %	29 %
6.4 Einen Käfer über meine Hand krabbeln lassen					
Gerne	10	40 %	6	23 %	16 %
Teilweise	1	4 %	0	0 %	27 %
Ungerne	14	56 %	20	77 %	57 %
7. Würdest Du folgenden Aussagen zustimmen					
7.1 Ohne Menschen wäre die Natur in Harmonie und Frieden.					
Ja	13	52 %	13	50 %	66 %
Nein	12	48 %	13	50 %	15 %
Unsicher	0	0 %	0	0 %	19 %
7.2 Bäume haben eine Seele.					
Ja	8	32 %	15	58 %	51 %
Nein	17	68 %	11	42 %	22 %
Unsicher	0	0 %	0	0 %	27 %
7.3 Ich kann mir ein Leben ohne Ausflüge in die Natur nicht vorstellen.					
Ja	20	80 %	16	62 %	58 %
Nein	5	20 %	10	38 %	23 %
Unsicher	0	0 %	0	0 %	19 %
7.4 Was natürlich ist, ist gut.					
Ja	21	84 %	21	81 %	74 %
Nein	3	12 %	5	19 %	8 %
Unsicher	1	4 %	0	0 %	18 %
7.5 Tiere haben die gleichen Lebensrechte wie Menschen.					
Ja	12	48 %	22	85 %	76 %
Nein	11	44 %	4	15 %	12 %
Unsicher	2	8 %	0	0 %	12 %
8. Wie viele Stunden schaust Du an einem normalen Tag auf einen kleineren oder größeren Bildschirm (Handy, Tablet, PC, Laptop, Konsole, Fernseher), wenn Du alles zusammenrechnest?					
> 5 Stunden pro Tag	7	28 %	5	19 %	20 %
3-5 Stunden pro Tag	11	44 %	15	58 %	38 %
1-2 Stunden pro Tag	3	12 %	5	19 %	30 %
Einige Stunden pro Woche	3	12 %	1	4 %	7 %
Einige Stunden pro Monat	1	4 %	0	0 %	2 %
Fast keine	0	0 %	0	0 %	3 %

Anhang 3: Ergebnisse des Studienprojekts (Diagramme)

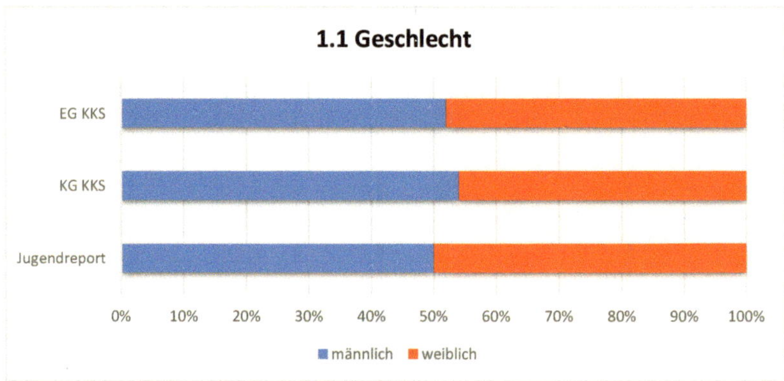

Abb. 1: Geschlechterzusammensetzung der Stichproben.

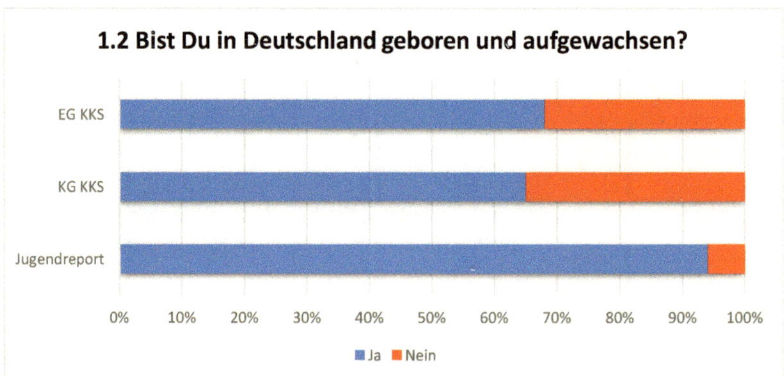

Abb. 2: Zusammensetzung der Stichproben nach Geburtsort.

Abb. 3: Zusammensetzung der Stichproben nach Wohnlage.

1.4 Verfügt Deine Familie über einen Garten?

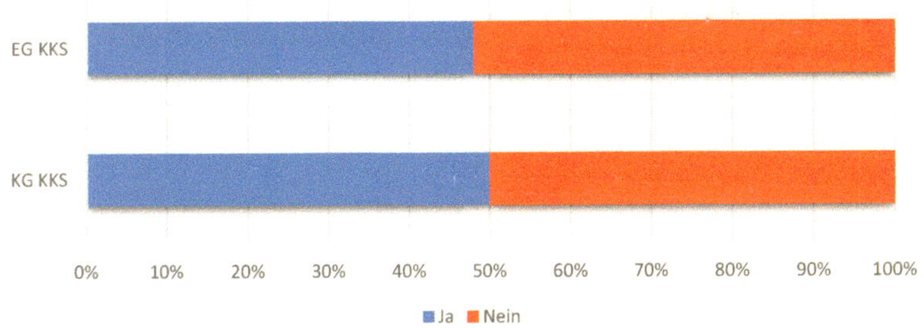

Abb. 4: Zusammensetzung der Stichproben nach Verfügbarkeit eines Gartens.

1.5 Besuchst Du gerne den Schulbauernhof beziehungsweise würdest Du dies gerne tun?

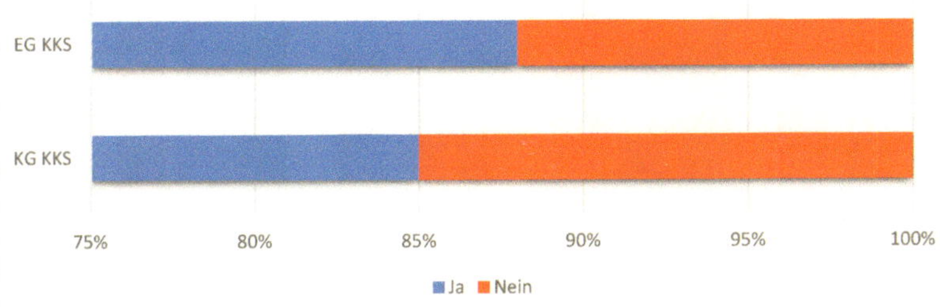

Abb. 5: Bewertung des Schulbauernhofbesuches durch die befragten Schüler:innen.

2. Wie oft bist Du im letzten Sommer durchschnittlich im Wald gewesen?

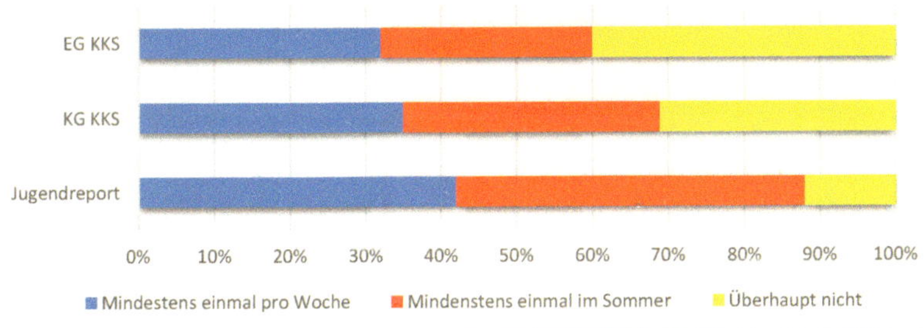

Abb. 6: Waldbesuche der befragten Schüler:innen im Sommer vor der Erhebung.

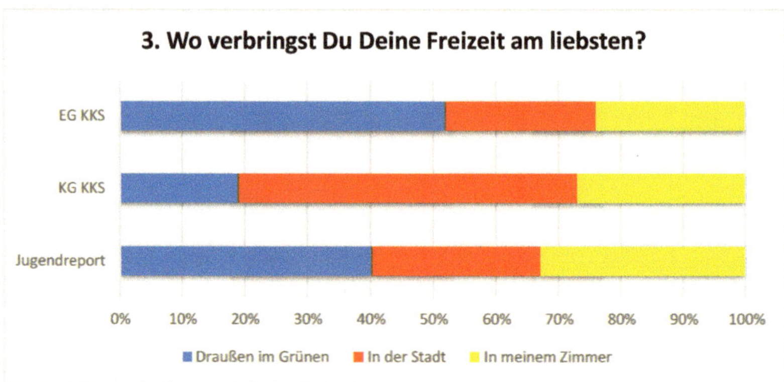

Abb. 7: Lieblingsaufenthaltsort der befragten Schüler:innen in der Freizeit.

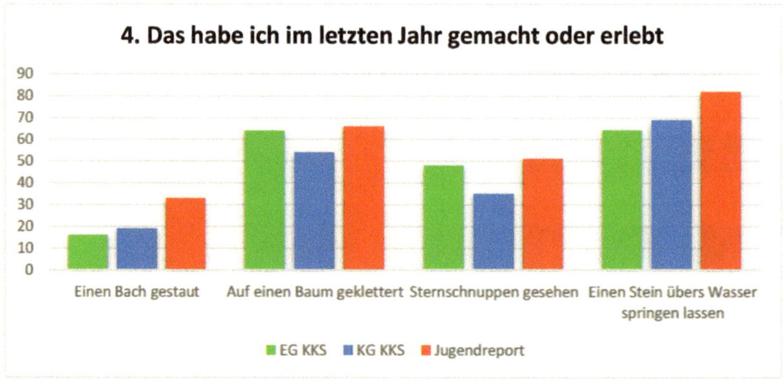

Abb. 8: Naturerfahrungen und -erlebnisse der befragten Schüler:innen im Jahr vor der Erhebung.

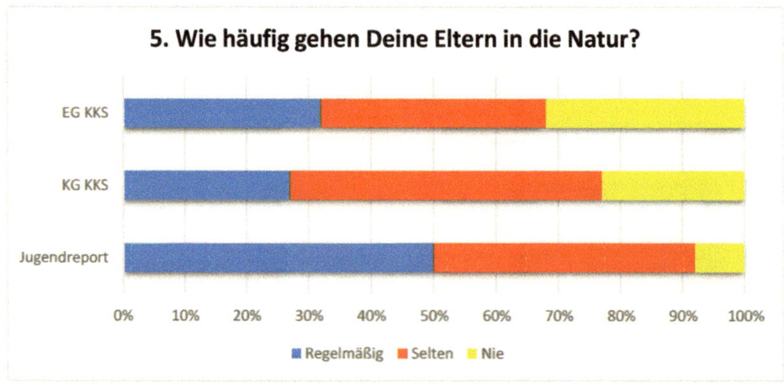

Abb. 9: Häufigkeit der Naturbesuche der Eltern der befragten Schüler:innen.

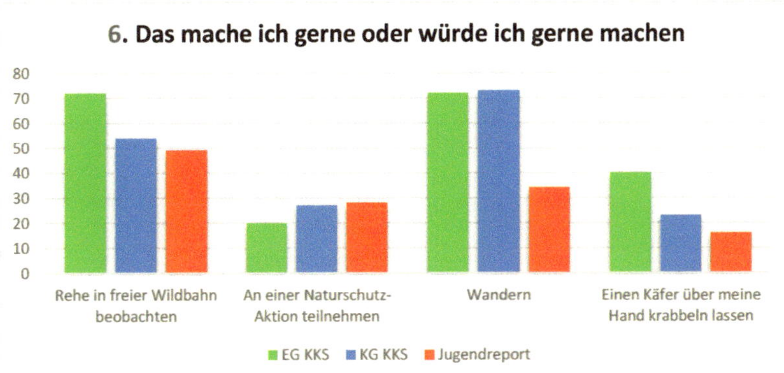

Abb. 10: Bewertung naturnaher Tätigkeiten durch die befragten Schüler:innen.

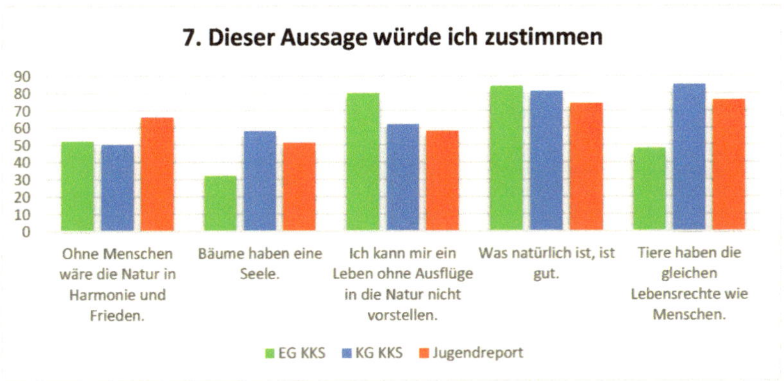

Abb. 11: Zustimmung der befragten Schüler:innen zu naturbezogenen Aussagen.

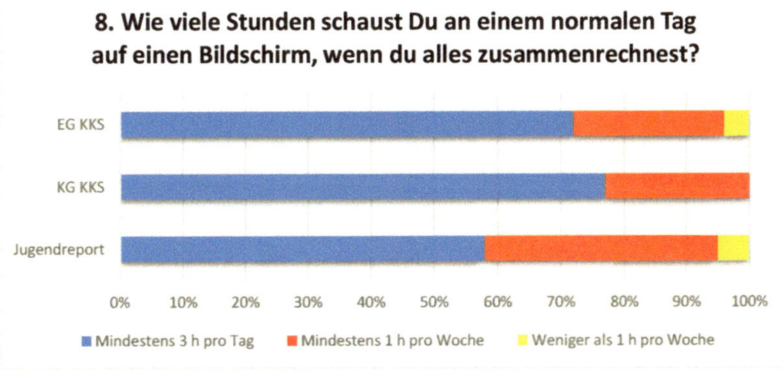

Abb. 12: Durchschnittliche Bildschirmzeit der befragten Schüler:innen.

Anhang 4: Erhebungsinstrument des 8. Jugendreports Natur

SurveyGrid	Du und die Natur

Universität zu Köln, Institut für Biologiedidaktik

Bitte so markieren: ☐ ☒ ☐ ☐ ☐ Bitte verwenden Sie einen Kugelschreiber oder nicht zu starken Filzstift. Dieser Fragebogen wird maschinell erfasst.

Korrektur: ☐ ■ ☐ ☒ ☐ Bitte beachten Sie im Interesse einer optimalen Datenerfassung die links gegebenen Hinweise beim Ausfüllen.

1. Häufigkeit

1.1 Wie oft bist Du im vergangenen Sommer durchschnittlich im Wald gewesen?

☐ Fast jeden Tag   ☐ 1-3 mal pro Woche   ☐ 1-3 mal pro Monat

☐ 1-3 mal im Sommer   ☐ überhaupt nicht

2. Entfernung

2.1 Wie weit ist es von Deiner Wohnung bis zum nächsten Wald?

☐ kurzer Weg zu Fuß oder mit dem Rad   ☐ längere Fahrt mit dem Rad   ☐ längere Auto- oder Busfahrt

3. Wie oft hast Du im Jahr 2019 Folgendes gemacht oder erlebt?

	häufig	selten	gar nicht
3.1 Ein Lagerfeuer gemacht	☐	☐	☐
3.2 Einen Dachs oder Fuchs gesehen	☐	☐	☐
3.3 Einen Bach gestaut	☐	☐	☐
3.4 Auf einen Baum geklettert	☐	☐	☐
3.5 Im Wald eine Bude gebaut	☐	☐	☐
3.6 Auf einem Bauernhof mitgeholfen	☐	☐	☐
3.7 Obst vom Baum gepflückt	☐	☐	☐
3.8 Sternschnuppen gesehen	☐	☐	☐
3.9 Fledermäuse beobachtet	☐	☐	☐
3.10 Einen Stein übers Wasser springen gelassen	☐	☐	☐

4. Das mache ich gerne/ würde ich gerne machen

	gerne	teils/teils	ungerne
4.1 Rehe in freier Wildbahn beobachten	☐	☐	☐
4.2 An einer Naturschutz-Aktion teilnehmen	☐	☐	☐
4.3 Mit Freunden im Wald spielen	☐	☐	☐
4.4 In der freien Natur übernachten	☐	☐	☐
4.5 Wandern	☐	☐	☐
4.6 Einen Käfer über meine Hand krabbeln lassen	☐	☐	☐
4.7 Mit einem Boot paddeln	☐	☐	☐

5. Einverständnis

5.1 Sind Deine Eltern einverstanden, dass Du Dich unbeaufsichtigt in der freien Natur aufhältst?

☐ Nein, gar nicht   ☐ Ja, ohne Einschränkungen   ☐ Ja, aber nur mit Handy

☐ Ja, aber nur mit Freunden

6. Was nützt oder schadet dem Wald?

	Eher nützlich	Eher schädlich	weiß nicht
6.1 Lange trockene Sommer	☐	☐	☐
6.2 Quer durch den Wald laufen	☐	☐	☐
6.3 Rehe und Wildschweine jagen	☐	☐	☐
6.4 Landschaft verwildern lassen	☐	☐	☐
6.5 Den Wald sauber halten	☐	☐	☐
6.6 Privater Fahrzeugverkehr auf Waldwegen	☐	☐	☐
6.7 Abfressen junger Baumtriebe durch Tiere	☐	☐	☐
6.8 Viele Spaziergänger	☐	☐	☐
6.9 Große Maschinen zum Baumfällen	☐	☐	☐
6.10 Windkraftwerke im Wald	☐	☐	☐

7. Schnelle Antworten sind gefragt

7.1 Wenn der Mond so aussieht, dann

☐ nimmt er zu
☐ nimmt er ab
☐ ist Neumond
☐ das kann man daran nicht erkennen
☐ das weiß ich nicht

7.2 In welcher Himmelsrichtung geht der Vollmond auf?

7.3 In welcher Himmelsrichtung geht die Sonne auf?

7.4 In welchem Monat geht die Sonne am Spätesten unter?

7.5 Wie nennt man getrocknete Getreidehalme?

7.6 Nenne drei Getreidearten, die bei uns wachsen.

7.7 Nenne drei essbare Früchte, die bei uns an Bäumen wachsen.

8. Was weißt Du über Tiere?

8.1 Wie heißt das weibliche Schwein

8.2 Wie heißt das männliche Schwein?

8.3 Wie heißt das Junge vom Schwein?

8.4 Wie heißt die Frau vom Hirsch?

8.5 Nenne zwei gefährliche Tiere in unseren Wäldern.

8.6 Nenne zwei heimische Tiere, die Erdhöhlen graben.

8.7 Wie viele Eier kann ein Huhn pro Tag legen?

9. Freizeit

9.1 Wo verbringst Du Deine Freizeit am Liebsten?
☐ Draußen im Grünen   ☐ In der Stadt   ☐ In Deinem Zimmer

10. Würdest Du folgenden Fragestellungen zustimmen?

	ja	eher ja	unsicher	eher nein	nein
10.1 Ohne Mensch wäre die Natur in Harmonie und Frieden	☐	☐	☐	☐	☐
10.2 Wahre Natur gibt es nur noch im Wald.	☐	☐	☐	☐	☐
10.3 Bäume haben eine Seele.	☐	☐	☐	☐	☐
10.4 Ich kann mir ein Leben ohne Ausflüge in die Natur nicht vorstellen.	☐	☐	☐	☐	☐
10.5 Was natürlich ist, ist gut.	☐	☐	☐	☐	☐
10.6 Für mich ist die regelmäßige Teilnahme an sozialen Netzwerken unerlässlich.	☐	☐	☐	☐	☐
10.7 Tiere haben die gleichen Lebensrechte wie Menschen.	☐	☐	☐	☐	☐
10.8 Ich möchte gerne vegetarisch leben.	☐	☐	☐	☐	☐
10.9 Ich kann mir ein Leben ohne Computerspiele nicht mehr vorstellen.	☐	☐	☐	☐	☐
10.10 Der Mensch soll sich die Natur zu Nutze machen.	☐	☐	☐	☐	☐

11. Woher stammt Dein Wissen über die Natur?

	viel	mittel	wenig
11.1 Von den Eltern	☐	☐	☐
11.2 Aus der Schule oder aus Schulbüchern	☐	☐	☐
11.3 Von Freunden	☐	☐	☐
11.4 Aus Medien (Internet, Fernsehen, Zeitung,/Zeitschriften)	☐	☐	☐
11.5 Aus eigenen Beobachtungen	☐	☐	☐
11.6 Von Fachleuten (Bauern, Förstern, Waldpädagogen)	☐	☐	☐

12. Bildschirmzeit

12.1 Wie viele Stunden schaust Du an einem normalen Tag auf einen kleineren oder größeren Bildschirm (Handy, Tablet, PC, Laptop, Konsole, Fernseher), wenn Du alles zusammenrechnest?

☐ Mehr als 5 Stunden pro Tag   ☐ 3-5 Stunden pro Tag   ☐ 1-2 Stunden pro Tag
☐ Einige Stunden pro Woche   ☐ Einige Stunden pro Monat   ☐ Fast keine

13. Hier ein paar Routine-Informationen

13.1 Bist Du
☐ ein Mädchen   ☐ ein Junge

13.2 In welcher Klasse bist Du?
☐ Klasse 5   ☐ Klasse 6   ☐ Klasse 7
☐ Klasse 8   ☐ Klasse 9   ☐ Klasse 10

13.3 Bist Du in Deutschland geboren und aufgewachsen?
☐ ja   ☐ nein , falls nein: seit wann lebst du in Deutschland? ___________

13.4 Ist Deutsch Deine Muttersprache oder Zweitsprache?
☐ Muttersprache   ☐ Zweitsprache

13.5 Wo wohnst Du?
☐ Mitten in der Stadt   ☐ Am Stadtrand   ☐ In einer kleinen Ortschaft

13.6 Wie oft spielst Du Computerspiele?	regelmäßig ☐	☐ selten	☐ gar nicht
13.7 Wie häufig gehen Deine Eltern in die Natur?	regelmäßig ☐	☐ selten	☐ gar nicht
13.8 Bist Du in einer Naturschutzgruppe oder Umwelt-Initiative aktiv?	regelmäßig ☐	☐ selten	☐ gar nicht

13.9 Verfügt Deine Familie über einen Garten?
☐ ja   ☐ nein

Herzlichen Dank für Deine Mühe!

BEI GRIN MACHT SICH IHR WISSEN BEZAHLT

- Wir veröffentlichen Ihre Hausarbeit, Bachelor- und Masterarbeit

- Ihr eigenes eBook und Buch - weltweit in allen wichtigen Shops

- Verdienen Sie an jedem Verkauf

Jetzt bei www.GRIN.com hochladen und kostenlos publizieren